全国计算机技术与软件专业技术资格（水平）考试指定用书

网络管理员考试大纲

全国计算机专业技术资格考试办公室　编

清华大学出版社
北　京

内 容 简 介

　　本书是全国计算机专业技术资格考试办公室组织编写的网络管理员考试大纲，本书除大纲内容外，还包括了人力资源和社会保障部、工业和信息化部的有关文件以及考试简介。

　　网络管理员考试大纲是针对本考试的计算机网络初级资格制定的。通过本考试的考生，可被用人单位择优聘任为助理工程师。

图书在版编目(CIP)数据

　　网络管理员考试大纲/全国计算机专业技术资格考试办公室编. —北京：清华大学出版社，2018（2023.10重印）

　　（全国计算机技术与软件专业技术资格（水平）考试指定用书）

　　ISBN 978-7-302-49518-5

　　Ⅰ. ①网…　Ⅱ. ①全…　Ⅲ. ①计算机网络管理–资格考试–考试大纲
Ⅳ. ①TP393.07-41

　　中国版本图书馆 CIP 数据核字（2018）第 029360 号

责任编辑：杨如林　柴文强
封面设计：常雪影
责任校对：徐俊伟
责任印制：丛怀宇

出版发行：清华大学出版社
　　　　　网　　址：http://www.tup.com.cn, http://www.wqbook.com
　　　　　地　　址：北京清华大学学研大厦 A 座　　邮　　编：100084
　　　　　社 总 机：010-83470000　　　　　　　　邮　　购：010-62786544
　　　　　投稿与读者服务：010-62776969, c-service@tup.tsinghua.edu.cn
　　　　　质量反馈：010-62772015, zhiliang@tup.tsinghua.edu.cn
印 装 者：北京嘉实印刷有限公司
经　　销：全国新华书店
开　　本：130mm×185mm　　　印　张：1　　　字　数：23 千字
版　　次：2018 年 4 月第 1 版　　　　　　印　次：2023 年 10 月第 5 次印刷
定　　价：15.00 元

产品编号：078146-01

前　言

全国计算机技术与软件专业技术资格（水平）考试（以下简称"计算机软件考试"）是由人力资源和社会保障部、工业和信息化部领导下的专业技术资格考试，属于国家职业资格考试。人事部、信息产业部联合颁发的国人部发〔2003〕39号文件规定了这种考试的政策。计算机软件考试包括了计算机软件、计算机网络、计算机应用、信息系统、信息服务等领域初级资格（技术员/助理工程师）、中级资格（工程师）、高级资格（高级工程师）的27种职业岗位。根据信息技术人才年轻化的特点和要求，报考这种资格考试不限学历与资历条件，以不拘一格选拔人才。现在，软件设计师、程序员、网络工程师、数据库系统工程师、系统分析师考试标准已经实现了中国与日本互认，程序员和软件设计师考试标准已经实现了中国和韩国互认。

各种资格的考试大纲（考试标准）体现了相应职业岗位对知识与能力的要求。这些要求是由全国计算机专业技术资格考试办公室组织了全国相关企业、研究所、高校等许多专家，调研了很多相关企业的相应职业岗位，参考了先进国家的有关考试标准，逐步提炼，反复讨论形成的。一般的做法是先确定相应职业岗位的工作流程，对每个工作阶段又划分多个关键性活动，对每项活动再列出所需的知识以及所需的能力要求，最后，汇总这些知识要求与能力要求，形成考试大纲。初级与中级资格考试一般包括基础知识与应用技术两大科目；高级资格考试一般包括综合知识、案例分析与论文三大科目。

由于考试大纲来源于职业岗位的要求，是考试命题的依据，因此，这种考试已成为衡量考生是否具有职业岗位要求的一个检验标准，受到社会上各用人单位的广泛欢迎。20多年的考试历史也证明，这种考试已经成为我国著名的 IT 考试品牌，大批合格人员得到了升职聘用，对国家信息化建设发挥了重要的作用。这就是广大在职人员以及希望从事相关专业工作的学生积极报考的原因。

为适应信息技术以及信息产业的发展，我们将程序员、网络管理员、软件设计师、网络工程师、数据库系统工程师的考试大纲进行了修订，增加了一些较新的知识点，剔除了部分应用较少的知识点，并统一规范了大纲中相同知识的描述。其他级别的考试大纲将会陆续修订。修订后的《网络管理员考试大纲》于 2018 年经专家审定通过，并得到上级主管部门批准，本大纲也是今后命题的依据。

计算机软件考试的其他有关信息见网站 www.ruankao.org.cn 中的资格考试栏目。

编　者

2018 年元月

人 事 部
信 息 产 业 部 文件

国人部发〔2003〕39号

关于印发《计算机技术与软件专业
技术资格（水平）考试暂行规定》和
《计算机技术与软件专业技术资格
（水平）考试实施办法》的通知

各省、自治区、直辖市人事厅（局）、信息产业厅（局），
国务院各部委、各直属机构人事部门，中央管理的企业：

　　为适应国家信息化建设的需要，规范计算机技术与
软件专业人才评价工作，促进计算机技术与软件专业人
才队伍建设，人事部、信息产业部在总结计算机软件专
业资格和水平考试实施情况的基础上，重新修订了计算
机软件专业资格和水平考试有关规定。现将《计算机技
术与软件专业技术资格（水平）考试暂行规定》和《计
算机技术与软件专业技术资格（水平）考试实施办法》

印发给你们，请遵照执行。

自 2004 年 1 月 1 日起，人事部、原国务院电子信息系统推广应用办公室发布的《关于印发〈中国计算机软件专业技术资格和水平考试暂行规定〉的通知》（人职发〔1991〕6 号）和人事部《关于非在职人员计算机软件专业技术资格证书发放问题的通知》（人职发〔1994〕9 号）即行废止。

中华人民共和国　　中华人民共和国
人　　事　　部　　信 息 产 业 部

二〇〇三年十月十八日

计算机技术与软件专业技术
资格（水平）考试暂行规定

第一条 为适应国家信息化建设的需要，加强计算机技术与软件专业人才队伍建设，促进我国计算机应用技术和软件产业的发展，根据国务院《振兴软件产业行动纲要》以及国家职业资格证书制度的有关规定，制定本规定。

第二条 本规定适用于社会各界从事计算机应用技术、软件、网络、信息系统和信息服务等专业技术工作的人员。

第三条 计算机技术与软件专业技术资格（水平）考试（以下简称计算机专业技术资格（水平）考试），纳入全国专业技术人员职业资格证书制度统一规划。

第四条 计算机专业技术资格（水平）考试工作由人事部、信息产业部共同负责，实行全国统一大纲、统一试题、统一标准、统一证书的考试办法。

第五条 人事部、信息产业部根据国家信息化建设和信息产业市场需求，设置并确定计算机专业技术资格（水平）考试专业类别和资格名称。

计算机专业技术资格（水平）考试级别设置：初级资格、中级资格和高级资格 3 个层次。

第六条 信息产业部负责组织专家拟订考试科目、考试大纲和命题，研究建立考试试题库，组织实施考试工作和统筹规划培训等有关工作。

第七条 人事部负责组织专家审定考试科目、考试大纲和试题，会同信息产业部对考试进行指导、监督、检查，确定合格标准。

第八条 凡遵守中华人民共和国宪法和各项法律，恪守职业道德，具有一定计算机技术应用能力的人员，均可根据本人情况，报名参加相应专业类别、级别的考试。

第九条 计算机专业技术资格（水平）考试合格者，由各省、自治区、直辖市人事部门颁发人事部统一印制，人事部、信息产业部共同用印的《中华人民共和国计算机专业技术资格（水平）证书》。该证书在全国范围有效。

第十条 通过考试并获得相应级别计算机专业技术资格（水平）证书的人员，表明其已具备从事相应专业岗位工作的水平和能力，用人单位可根据《工程技术人员职务试行条例》有关规定和工作需要，从获得计算机专业技术资格（水平）证书的人员中择优聘任相应专业技术职务。

取得初级资格可聘任技术员或助理工程师职务；取

得中级资格可聘任工程师职务；取得高级资格可聘任高级工程师职务。

第十一条　计算机专业技术资格（水平）实施全国统一考试后，不再进行计算机技术与软件相应专业和级别的专业技术职务任职资格评审工作。

第十二条　计算机专业技术资格（水平）证书实行定期登记制度，每3年登记一次。有效期满前，持证者应按有关规定到信息产业部指定的机构办理登记手续。

第十三条　申请登记的人员应具备下列条件：

（一）取得计算机专业技术资格（水平）证书；

（二）职业行为良好，无犯罪记录；

（三）身体健康，能坚持本专业岗位工作；

（四）所在单位考核合格。

再次登记的人员，还应提供接受继续教育或参加业务技术培训的证明。

第十四条　对考试作弊或利用其他手段骗取《中华人民共和国计算机专业技术资格（水平）证书》的人员，一经发现，即行取消其资格，并由发证机关收回证书。

第十五条　获准在中华人民共和国境内就业的外籍人员及港、澳、台地区的专业技术人员，可按照国家有关政策规定和程序，申请参加考试和办理登记。

第十六条　在本规定施行日前，按照《中国计算机软件专业技术资格和水平考试暂行规定》（人职发〔1991〕6号）参加考试并获得人事部印制、人事部和信息产业部共同用印的《中华人民共和国专业技术资格证书》（计算机软件初级程序员、程序员、高级程序员资格）和原中国计算机软件专业技术资格（水平）考试委员会统一印制的《计算机软件专业水平证书》的人员，其资格证书和水平证书继续有效。

第十七条 本规定自 2004 年 1 月 1 日起施行。

计算机技术与软件专业技术
资格（水平）考试实施办法

第一条 计算机技术与软件专业技术资格（水平）考试（以下简称计算机专业技术资格（水平）考试）在人事部、信息产业部的领导下进行，两部门共同成立计算机专业技术资格（水平）考试办公室（设在信息产业部），负责计算机专业技术资格（水平）考试实施和日常管理工作。

第二条 信息产业部组织成立计算机专业技术资格（水平）考试专家委员会，负责考试大纲的编写、命题、建立考试试题库。

具体考务工作由信息产业部电子教育中心（原中国计算机软件考试中心）负责。各地考试工作由当地人事行政部门和信息产业行政部门共同组织实施，具体职责分工由各地协商确定。

第三条 计算机专业技术资格（水平）考试原则上每年组织两次，在每年第二季度和第四季度举行。

第四条 根据《计算机技术与软件专业技术资格（水平）考试暂行规定》（以下简称《暂行规定》）第五

条规定,计算机专业技术资格(水平)考试划分为计算机软件、计算机网络、计算机应用技术、信息系统和信息服务5个专业类别,并在各专业类别中分设了高、中、初级专业资格考试,详见《计算机技术与软件专业技术资格(水平)考试专业类别、资格名称和级别层次对应表》(附后)。人事部、信息产业部将根据发展需要适时调整专业类别和资格名称。

考生可根据本人情况选择相应专业类别、级别的专业资格(水平)参加考试。

第五条 高级资格设:综合知识、案例分析和论文3个科目;中级、初级资格均设:基础知识和应用技术2个科目。

第六条 各级别考试均分2个半天进行。

高级资格综合知识科目考试时间为2.5小时,案例分析科目考试时间为1.5小时、论文科目考试时间为2小时。

初级和中级资格各科目考试时间均为2.5小时。

第七条 计算机专业技术资格(水平)考试根据各级别、各专业特点,采取纸笔、上机或网络等方式进行。

第八条 符合《暂行规定》第八条规定的人员,由本人提出申请,按规定携带身份证明到当地考试管理机构报名,领取准考证。凭准考证、身份证明在指定的时间、地点参加考试。

第九条 考点原则上设在地市级以上城市的大、中专院校或高考定点学校。

中央和国务院各部门所属单位的人员参加考试，实行属地化管理原则。

第十条　坚持考试与培训分开的原则，凡参与考试工作的人员，不得参加考试及与考试有关的培训。

应考人员参加培训坚持自愿的原则。

第十一条　计算机专业技术资格（水平）考试大纲由信息产业部编写和发行。任何单位和个人不得盗用信息产业部名义编写、出版各种考试用书和复习资料。

第十二条　为保证培训工作健康有序进行，由信息产业部统筹规划培训工作。承担计算机专业技术资格（水平）考试培训的机构，应具备师资、场地、设备等条件。

第十三条　计算机专业技术资格（水平）考试、登记、培训及有关项目的收费标准，须经当地价格行政部门核准，并向社会公布，接受群众监督。

第十四条　考务管理工作要严格执行考务工作的有关规章和制度，切实做好试卷的命制、印刷、发送和保管过程中的保密工作，遵守保密制度，严防泄密。

第十五条　加强对考试工作的组织管理，认真执行考试回避制度，严肃考试工作纪律和考场纪律。对弄虚作假等违反考试有关规定者，要依法处理，并追究当事人和有关领导的责任。

附表（已按国人厅发〔2007〕139 号文件更新）

计算机技术与软件专业技术资格（水平）考试专业类别、资格名称和级别对应表

资格名称 级别层次 专业类别	计算机软件	计算机网络	计算机应用技术	信息系统	信息服务
高级资格	· 信息系统项目管理师 · 系统分析师 · 系统架构设计师 · 网络规划设计师 · 系统规划与管理师				
中级资格	· 软件评测师 · 软件设计师 · 软件过程能力评估师	· 网络工程师	· 多媒体应用设计师 · 嵌入式系统设计师 · 计算机辅助设计师 · 电子商务设计师	· 系统集成项目管理工程师 · 信息系统监理师 · 信息安全工程师 · 数据库系统工程师 · 信息系统管理工程师	· 计算机硬件工程师 · 信息技术支持工程师
初级资格	· 程序员	· 网络管理员	· 多媒体应用制作技术员 · 电子商务技术员	· 信息系统运行管理员	· 网页制作员 · 信息处理技术员

主题词：专业技术人员 考试 规定 办法 通知

抄送：党中央各部门、全国人大常委会办公厅、全国政协办公厅、国务院办公厅、高法院、高检院、解放军各总部。

人事部办公厅　　　　　　　2003 年 10 月 27 日印发

全国计算机软件考试办公室文件

软考办〔2005〕1号

关于中日信息技术考试标准互认
有关事宜的通知

各地计算机软件考试实施管理机构：

为进一步加强我国信息技术人才培养和选拔的标准化，促进国际间信息技术人才的流动，推动中日两国信息技术的交流与合作，信息产业部电子教育中心与日本信息处理技术人员考试中心，分别受信息产业部、人事部和日本经济产业省委托，就中国计算机技术与软件专业技术资格（水平）考试与日本信息处理技术人员考试（以下简称中日信息技术考试）的考试标准，于2005年3月3日再次签署了《关于中日信息技术考试标准互认的协议》，在2002年签署的互认协议的基础上增加了网络工程师和数据库系统工程师的互认。现就中日信息技术考试标准互认中的有关事宜内容通知如下：

一、中日信息技术考试标准互认的级别如下：

中国的考试级别 （考试大纲）	日本的考试级别 （技能标准）
系统分析师	系统分析师 项目经理 应用系统开发师
软件设计师	软件开发师
网络工程师	网络系统工程师
数据库系统工程师	数据库系统工程师
程序员	基本信息技术师

二、采取灵活多样的方式，加强对中日信息技术考试标准互认的宣传，不断扩大考试规模，培养和选拔更多的信息技术人才，以适应日益增长的社会需求。

三、根据国内外信息技术的迅速发展，继续加强考试标准的研究与更新，提高考试质量，进一步树立考试的品牌。

四、鼓励相关企业以及研究、教育机构，充分利用中日信息技术考试标准互认的新形势，拓宽信息技术领域国际交流合作的渠道，开展多种形式的国际交流与合作活动，发展对日软件出口。

五、以中日互认的考试标准为参考，引导信息技术领域的职业教育、继续教育改革，使其适应新形势下的职业岗位实际工作要求。

二〇〇五年三月八日

全国计算机软件考试办公室文件

软考办〔2006〕2号

关于中韩信息技术考试标准互认
有关事宜的通知

各地计算机软件考试实施管理机构:

    为加强我国信息技术人才培养和选拔的标准化,促进国际间信息技术人才的流动,推动中韩两国间信息技术的交流与合作,信息产业部电子教育中心与韩国人力资源开发服务中心,分别受信息产业部和韩国信息与通信部的委托,对中国计算机技术与软件专业技术资格(水平)考试与韩国信息处理技术人员考试(以下简称中韩信息技术考试)的考试标准进行了全面、认真、科学的分析比较,于2006年1月19日签署了《关于中韩信息技术考试标准互认的协议》,实现了程序员、软件设计师考试标准的互认,现将中韩信息技术考试标准互认的有关事宜通知如下:

    一、中韩信息技术考试标准互认的级别如下:

中国的考试级别 （考试大纲）	韩国的考试级别 （技能标准）
软件设计师	信息处理工程师
程序员	信息处理产业工程师

二、各地应以中韩互认的考试标准为参考，积极引导信息技术领域的职业教育发展，使其适应新形势下的职业岗位的要求。

三、鼓励相关企业以及研究、教育机构，充分利用中韩信息技术考试标准互认的新形势，拓宽信息技术领域国际交流合作的渠道，开展多种形式的国际交流与合作活动，发展对韩软件出口。

四、根据国内外信息技术的迅速发展，加强考试标准的研究与更新，提高考试质量，进一步树立考试的品牌。

五、各地应采取灵活多样的方式，加强对中韩信息技术考试标准互认的宣传，不断扩大考试规模，培养和选拔更多的信息技术人才，以适应日益增长的社会需求。

二〇〇六年二月五日

全国计算机技术与软件专业技术
资格（水平）考试简介

全国计算机技术与软件专业技术资格（水平）考试（简称计算机软件考试）是在人力资源和社会保障部、工业和信息化部领导下的国家考试，其目的是，科学、公正地对全国计算机技术与软件专业技术人员进行职业资格、专业技术资格认定和专业技术水平测试。

计算机软件考试在全国范围内已经实施了二十多年，年考试规模已超过三十万人。该考试由于其权威性和严肃性，得到了社会及用人单位的广泛认同，并为推动我国信息产业特别是软件产业的发展和提高各类 IT 人才的素质做出了积极的贡献。

根据人事部、信息产业部文件（国人部发〔2003〕39 号），计算机软件考试纳入全国专业技术人员职业资格证书制度的统一规划。通过考试获得证书的人员，表明其已具备从事相应专业岗位工作的水平和能力，用人单位可根据工作需要从获得证书的人员中择优聘任相应专业技术职务（技术员、助理工程师、工程师、高级工程师）。计算机技术与软件专业实施全国统一考试后，不再进行相应专业技术职务任职资格的评审工作。因

此，这种考试既是职业资格考试，又是专业技术资格考试。报考任何级别不需要学历、资历条件，考生可根据自己熟悉的专业情况和水平选择适当的级别报考。程序员、软件设计师、系统分析师、网络工程师、数据库系统工程师的考试标准已与日本相应级别实现互认，程序员和软件设计师的考试标准还实现了中韩互认，以后还将扩大考试互认的级别以及互认的国家。

本考试分 5 个专业类别：计算机软件、计算机网络、计算机应用技术、信息系统和信息服务。每个专业又分 3 个层次：高级资格（高级工程师）、中级资格（工程师）、初级资格（助理工程师、技术员）。对每个专业、每个层次，设置了若干个资格（或级别）。

考试合格者将颁发由人力资源和社会保障部、工业和信息化部用印的计算机技术与软件专业技术资格（水平）证书。

本考试每年分两次举行。每年上半年和下半年考试的级别不尽相同。考试大纲、指定教材、辅导用书由全国计算机专业技术资格考试办公室组编陆续出版。

关于考试的具体安排、考试用书、各地报考咨询联系方式等都在网站 www.ruankao.org.cn 公布。在该网站上还可以查询证书的有效性。

网络管理员考试大纲

一、考 试 说 明

1. 考试目标

本考试的合格人员能够进行小型网络系统的设计、构建、安装和调试，中小型局域网的运行维护和日常管理；根据应用部门的需求，构建和维护基于 Windows 操作系统的常用服务器；具有助理工程师（或技术员）的实际工作能力和业务水平。

2. 考试要求

（1）熟悉计算机系统基础知识；

（2）熟悉数据通信的基本知识；

（3）了解计算机网络的体系结构，熟悉 TCP/IP 协议的基本知识；

（4）熟悉常用计算机网络互连设备和通信传输介质的性能、特点；

（5）熟悉 Internet 的基本知识和应用；

（6）掌握局域网技术基础，了解常用的网络接入技术；

（7）掌握以太网的性能、特点、组网方法以及网络管理技术；

（8）掌握主流网络操作系统的安装、设置和管理方法；

（9）熟悉 DNS、WWW、DHCP、FTP 等服务器的配置和管理；

（10）掌握 Web 网站的建立、管理与维护方法，熟悉网页制作技术；

（11）熟悉综合布线基础技术；

（12）掌握交换机和路由器的基本配置；

（13）熟悉计算机网络安全的相关问题和防范技术；

（14）了解计算机网络有关的法律、法规，以及信息化的基础知识；

（15）了解计算机网络的新技术、新发展；

（16）正确阅读和理解计算机领域的简单英文资料。

3. 考试科目设置

（1）计算机与网络基础知识，考试时间为 150 分钟；

（2）网络系统的管理与维护，考试时间为 150 分钟。

二、考 试 范 围

考试科目 1：计算机与网络基础知识

1. 计算机科学基础

1.1 数制及其转换

- 二进制、十进制和十六进制等常用数制及其转换

1.2 数据的表示

- 数的表示
- 非数值表示
- 校验方法和校验码

1.3　算术运算

- 计算机中的二进制数运算方法

2. **计算机系统基础知识**

2.1　硬件基础知识

- 计算机系统的结构和工作原理
- CPU 的结构、特征、分类
- 存储器的结构、特征分类
- I/O 接口、I/O 设备和通信设备

2.2　软件基础知识

- 操作系统的类型、配置操作系统的功能
- 数据库系统基础知识

3. **计算机网络基础知识**

3.1　数据通信基础知识

- 数据信号、信道的基本概念
- 数据通信模型的构成
- 数据传输基础知识
- 数据编码的分类和基本原理
- 多路复用技术的基本原理和应用
- 数据交换技术的基本原理和性能特点

3.2　计算机网络基础知识

- 计算机网络的概念、分类和构成
- 协议的概念，开放系统互连参考模型的结构及各层的功能，TCP/IP 协议体系结构及分层
- TCP/IP 常用协议，如 HTTP、FTP、DNS、DHCP、SMTP、POP3、Telnet、SNMP、TCP、UDP、IP、ARP、ICMP 等

- IP 数据报的格式、IP 地址、子网掩码
- 双绞线、同轴电缆、光纤和无线传输介质的性能特点
- 交换机、三层交换机、路由器、AP、AC、IDS、IPS、上网行为管理、防火墙等网络设备的主要功能与特点
- xDSL、HFC、Cable Modem

3.3 局域网技术基础
- IEEE 802 参考模型
- 局域网拓扑结构
- 以太网的发展历程
- CSMA/CD 协议
- 以太网的分类及各种以太网的性能特点
- 以太网技术基础、IEEE 802.3 帧结构
- 百兆、千兆、万兆交换型以太网、全双工以太网的基本原理和特点
- 无线局域网的基本原理和特点
- 局域网组网技术

4. 计算机网络应用基础知识
4.1 因特网应用基础知识
- WWW、主页、超级链接、HTML 的概念及应用
- HTML 网页设计与制作、JSP、ASP 动态网页编程技术以及 ADO 的概念和使用
- 电子邮件、FTP、Telnet 等概念及应用

4.2 网络操作系统基础知识

- 计算机病毒的概念和防治
- CA 证书的概念和应用
- IPSec 的使用
- 容灾系统的概念
- 应急响应的常用方法

7. 标准化基础知识

- 标准化机构
- 标准的层次（国际标准、国家标准、行业标准、企业标准）
- 相关标准（代码标准、文件格式标准、安全标准、软件开发规范和文档标准、互联网相关标准）

8. 信息化基本知识

- 信息、信息资源、信息化、信息工程、信息产业、信息技术的含义
- 全球信息化趋势，国家信息化战略，企业信息化战略和策略常识
- 有关的法律、法规要点

9. 与网络系统有关的新技术、新方法

- IEEE 802.11 系列
- 光纤交换网络与云存储
- 物联网与传感网络

10. 专业英语

- 具有助理工程师（或技术员）英语阅读水平
- 理解本领域英语基本词汇

考试科目 2：网络系统的管理与维护

1. **小型计算机局域网的构建**
   - 局域网络设计
   - 广域网接入、HFC、ADSL、FTTx+LAN、WLAN、移动通信
   - ISP 与 IP 地址、子网掩码的配置
   - 设备选型与部署
   - 设备配置和管理
   - 综合布线

2. **交换机和路由器的基本配置**
   - 访问交换机和路由器
   - 交换机简单命令及 VLAN 配置
   - 简单路由协议配置

3. **小型计算机局域网服务器配置**
   - Windows Web 服务器的配置和应用
   - Windows DNS 服务器的配置和应用
   - Windows 电子邮件服务器的配置和应用
   - Windows FTP 服务器的配置和应用
   - Windows DHCP 服务器的配置和应用

4. **网络系统的运行、维护和管理**
   - 简单网络故障的分析、定位、诊断和排除
   - 小型网络的维护策略、计划和实施
   - 数据备份和数据恢复
   - 系统性能分析

5. 网络安全技术

- 防火墙的配置策略
- 入侵检测与防护
- 漏洞扫描与防护
- 病毒及病毒防范
- 加密、认证和数字证书、数字签名的使用
- 安全协议的应用（PGP、HTTPS、SSL、IPSec 等）

三、题型举例

（一）选择题

有 4 个网络地址：192.47.16.254、192.47.17.01、192.47.32.25 和 192.47.33.05，如果子网掩码为 255.255.240.0，则这 4 个地址分别属于 __(1)__ 个子网，其中，属于同一个子网的是 __(2)__ 。

(1) A. 1   B. 2

      C. 3   D. 4

(2) A. 192.47.16.254 和 192.47.32.25

      B. 192.47.16.254 和 192.47.17.01

      C. 192.47.17.01 和 192.47.33.05

      D. 192.47.17.01 和 192.47.32.25

（二）问答题

阅读以下说明，回答问题，将解答填入答题纸对应的解答栏内。

【说明】

请根据Windows服务器的安装与配置，回答下列问题。

【问题】

图 1 是安装服务器角色界面截图,通过勾选角色安装需要的网络服务。建立 FTP 需要勾选____(1)____,创建和管理虚拟计算环境需要勾选____(2)____,部署 VPN 服务需要勾选____(3)____。

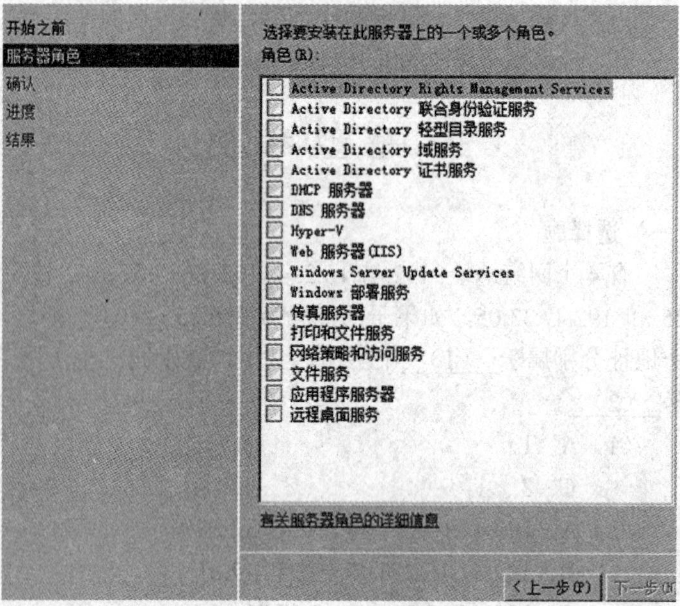

开始之前	选择要安装在此服务器上的一个或多个角色。
服务器角色	角色(R):
确认	☐ Active Directory Rights Management Services
进度	☐ Active Directory 联合身份验证服务
结果	☐ Active Directory 轻型目录服务
	☐ Active Directory 域服务
	☐ Active Directory 证书服务
	☐ DHCP 服务器
	☐ DNS 服务器
	☐ Hyper-V
	☐ Web 服务器(IIS)
	☐ Windows Server Update Services
	☐ Windows 部署服务
	☐ 传真服务器
	☐ 打印和文件服务
	☐ 网络策略和访问服务
	☐ 文件服务
	☐ 应用程序服务器
	☐ 远程桌面服务
	有关服务器角色的详细信息
	〈上一步(P) 下一步(N)

图 1